# BEI GRIN MACHT SICH IHR WISSEN BEZAHLT

- Wir veröffentlichen Ihre Hausarbeit, Bachelor- und Masterarbeit

- Ihr eigenes eBook und Buch - weltweit in allen wichtigen Shops

- Verdienen Sie an jedem Verkauf

Jetzt bei www.GRIN.com hochladen und kostenlos publizieren

**Bibliografische Information der Deutschen Nationalbibliothek:**

Die Deutsche Bibliothek verzeichnet diese Publikation in der Deutschen National bibliografie; detaillierte bibliografische Daten sind im Internet über http://dnb.dnb.de/ abrufbar.

Dieses Werk sowie alle darin enthaltenen einzelnen Beiträge und Abbildungen sind urheberrechtlich geschützt. Jede Verwertung, die nicht ausdrücklich vom Urheberrechtsschutz zugelassen ist, bedarf der vorherigen Zustimmung des Verlages. Das gilt insbesondere für Vervielfältigungen, Bearbeitungen, Übersetzungen, Mikroverfilmungen, Auswertungen durch Datenbanken und für die Einspeicherung und Verarbeitung in elektronische Systeme. Alle Rechte, auch die des auszugsweisen Nachdrucks, der fotomechanischen Wiedergabe (einschließlich Mikrokopie) sowie der Auswertung durch Datenbanken oder ähnliche Einrichtungen, vorbehalten

**Impressum:**

Copyright © 2016 GRIN Verlag
Druck und Bindung: Books on Demand GmbH, Norderstedt Germany
ISBN: 9783668958579

**Dieses Buch bei GRIN:**

https://www.grin.com/document/489994

Florian Schulte

# Forschungsmethoden und Statistik. Belohnung in einem Unternehmen

GRIN Verlag

**GRIN - Your knowledge has value**

Der GRIN Verlag publiziert seit 1998 wissenschaftliche Arbeiten von Studenten, Hochschullehrern und anderen Akademikern als eBook und gedrucktes Buch. Die Verlagswebsite www.grin.com ist die ideale Plattform zur Veröffentlichung von Hausarbeiten, Abschlussarbeiten, wissenschaftlichen Aufsätzen, Dissertationen und Fachbüchern.

**Besuchen Sie uns im Internet:**

http://www.grin.com/

http://www.facebook.com/grincom

http://www.twitter.com/grin_com

# Forschungsmethoden und Statistik: Belohnung in einem Unternehmen

5.5.16

**Inhalt**

1 Theorieteil .................................................................................................. 2

   1.1 Verhaltensänderung in einem Unternehmen durch Belohnung und Verstärkung ............................................................................................. 2

      1.1.1 Die Wirkung von Belohnung und Verstärkung allgemein ............... 2

      1.1.2 Verstärkung durch Belohnung im Unternehmen ............................ 3

   1.2 Fragestellungen und Hypothesen ................................................... 5

2 Methode ..................................................................................................... 6

3 Ergebnisse ................................................................................................. 7

   3.1 Deskriptive Ergebnisse ........................................................................ 7

   3.2 Statistische Auswertungen ................................................................... 9

4 Diskussion ................................................................................................ 10

   4.1 Kausalität zwischen den Variablen? ................................................... 10

   4.2 Mögliche alternative Erklärungen der Ergebnisse und Erweiterungen des Designs ............................................................................................. 11

   4.3 Weitere Aspekte ................................................................................. 13

   4.4 Zusammenfassung ............................................................................ 14

Literatur ...................................................................................................... 15

# 1 Theorieteil

## 1.1 Verhaltensänderung in einem Unternehmen durch Belohnung und Verstärkung

In diesem Abschnitt soll zuerst auf die Konzepte Belohnung und Verstärkung allgemein eingegangen werden, bevor im Anschluss die Einsetzbarkeit in einem Unternehmen betrachtet wird.

### 1.1.1 Die Wirkung von Belohnung und Verstärkung allgemein

Die wesentlichen Prinzipien, die das Lernen durch Belohnung oder Bestrafung beschreiben, sind die klassische Konditionierung und die operante Konditionierung (vgl. Myers, 2005, S. 334f.). Diese beiden Prinzipien wurden bereits Anfang des 20. Jahrhunderts beschrieben und experimentell untersucht.

Beim klassischen Konditionieren wird ein bestimmter Reiz (z.B. der Anblick von Futter) mit einem anderen Reiz (z.B. ein Glockenton) gepaart. In den Experimenten von Iwan Pawlow zeigte ein Hund nach einiger Zeit allein beim Ertönen der Glocke die Reaktionen, die er beim Anblick von Futter zeigte, vor allem Speichelfluss. Der Hund hatte also gelernt, dass der Glockenton für Futter steht; der Speichelfluss nach Ertönen der Glocke war zu einer konditionierten Reaktion geworden.

Beim klassischen Konditionieren zeigt das Subjekt jedoch keine neue Verhaltensweise, die er vorher nicht schon gezeigt hätte. Dies ist beim operanten Konditionieren anders. Das operante Konditionieren ist vor allem mit den Namen Thorndike und Skinner verbunden. Hier werden bestimmte Verhaltensweisen des Subjekts belohnt oder bestraft. Wenn z.B. eine Taube immer auf eine bestimmte, z.B. farblich gekennzeichnete Stelle pickt, erscheint eine Futterpille. Die Taube erlernt somit „neues" Verhalten bzw. zeigt Verhalten, das sie ohne die Belohnung nicht zeigen würde. Auf diese Weise hat B.F. Skinner z.B. Tauben beigebracht, in einer 8 zu gehen oder Tischtennis zu spielen (vgl. Myers, 2005, S. 347).

Beim operanten Konditionieren hat also die Belohnung eine verhaltensformende Wirkung. Dahinter steht das „Effektgesetz", welches besagt, dass ein Verhalten, das belohnt wird, wahrscheinlich wiederholt wird. Die Belohnung wirkt dabei als „Verstärker", indem sie das belohnte Verhalten „verstärkt", also die Wahrscheinlichkeit ihres

Eintretens erhöht. Verstärker können positiv oder negativ sein. Ein positiver Verstärker besteht in einem angenehmen Reiz (z.B. Futter im o.g. Beispiel, oder auch Lob). Ein negativer Verstärker besteht in einer Wegnahme oder Verringerung eines unangenehmen Zustands. Ein Beispiel ist eine Kopfschmerztablette, die den unangenehmen Zustand „Kopfschmerzen" verringert, oder das Lernen für eine Prüfung, das die Angst vor dieser reduziert.

Das Modell des operanten Konditionierens ist von Skinner zum S-O-R-K-Modell weiterentwickelt werden worden: Stimulus – Organismus – Reaktion – Konsequenz (vgl. von Rosenstiel, 2009a, S. 30). Ist die Konsequenz in voraussehbarer und positiver Weise positiv, so wird die Reaktion bei diesem Organismus mit erhöhter Wahrscheinlichkeit auftreten.

### 1.1.2 Verstärkung durch Belohnung im Unternehmen

Grundsätzlich lassen sich die Prinzipien der klassischen und der operanten Konditionierung auch auf die Arbeitswelt übertragen. Wenn z.B. ein Mitarbeiter für eine eigentlich unattraktive Arbeit, die er zuverlässig ausführt, wiederholt Anerkennung bekommt, wird die Arbeit allein künftig positive(re) Gefühle bei ihm auslösen, und er wird die Arbeit künftig weniger ungern machen (vgl. von Rosenstiel, 2009b, S. 271-272). Dies entspricht der klassischen Konditionierung.

Auch die operante Konditionierung kann auf die Arbeitswelt übertragen werden. Wenn ein Mitarbeiter für eine Leistung gelobt wird, wird er nach dem Effektgesetz geneigt sein, dieselbe Leistung öfter zu zeigen. Beispielsweise wird ein Mitarbeiter, der für eine eigene Idee gelobt wird, künftig eher geneigt sein, eigene Ideen zu generieren. Werden dagegen Mitarbeiter für eigene Ideen bestraft (bzw. diese ignoriert), so tendieren sie eher zum „Dienst nach Vorschrift". Das Prinzip der operanten Konditionierung kann auch erklären, warum Mitarbeiter z.B. eine unangenehme Arbeit aufschieben und lieber „eine rauchen" gehen: Durch das angenehme Erlebnis der Rauchpause wird das eigentlich unerwünschte Verhalten des Aufschiebens verstärkt (vgl. von Rosenstiel, 2009b, S. 272). Problematisch ist auch, wenn ein Chef gute Arbeit nicht lobt, sondern als selbstverständlich voraussetzt, und nur mit dem Mitarbeiter spricht, wenn dieser einen Fehler macht. Der Mitarbeiter lernt dann, dass er Aufmerksamkeit vom Chef vor allem nach Fehlern bekommt, und wird in Folge möglicherweise weniger sorgfältig arbeiten. Diese Beispiele zeigen, wie wichtig Lob und Anerkennung (allgemein positive Verstärkung) gerade bei scheinbar trivialen und "selbstverständlichen" Arbeiten sein kann.

Die Bedeutung von Lob und Anerkennung am Arbeitsplatz ist auch in vielen Untersuchungen herausgestellt worden. In einer Untersuchung von Schmidl und Kubicek (2015) zeigte sich, dass emotionale Anforderungen und Stressoren – dazu gehöre auch mangelnde Anerkennung – mit erhöhter psychischer Erschöpfung und Burnout einhergeht. „Belohnungen wie Lob, Anerkennung und Wertschätzung … können das MitarbeiterInnenengagement signifikant erhöhen." (vgl. Schmidl und Kubicek (2015, S. 5). In dem Zusammenhang wird auch von Gratifikationskrisen gesprochen: Wird einem Mitarbeiter trotz hohen persönlichen Einsatzes die Anerkennung verweigert, so kann es zu solchen Krisen kommen, die dadurch gekennzeichnet sind, dass der Mitarbeiter seine Arbeit zunehmend als sinnlos ansieht und auch sich selbst anzweifelt (vgl. Bauer und andere 2002, S. 10).

Verstärken durch Belohnung ist also ein wichtiges Element von Führungsverhalten am Arbeitsplatz. Es kann allerdings einige weitere Probleme beinhalten: Erstens muss etwas, das für einen Mitarbeiter ein Verstärker ist, für einen anderen Mitarbeiter nicht ebenfalls ein Verstärker sein. Manche Mitarbeiter reagieren sehr positiv auf bestimmte Gratifikationen wie z.B. einen Firmenwagen, für andere ist dies möglicherweise weniger wichtig. Das heißt, dass das „K" im S-O-R-K-Modell unterschiedlich bewertet wird. Zweitens ist bei komplexen und anspruchsvollen Arbeiten gart nicht immer so klar, inwieweit das gezeigte und belohnte Verhalten überhaupt wiederholbar ist, denn wenn die Arbeitsanforderungen sehr unterschiedlich sind, kann das in einer Situation gezeigte Verhalten in einer anderen Situation ungünstig sein.

Bei Belohnungen wird auch zwischen intrinsischen und extrinsischen Belohnungen unterschieden (vgl. Berthel, Becker, 2007, S. 51). Intrinsische Belohnungen sind Belohnungen, die aus der Tätigkeit selbst entspringen, also Befriedigung durch eine interessante und erfüllende Tätigkeit. Intrinsische Belohnungen treten also vorwiegend bei interessanten und herausfordernden Aufgaben auf. Extrinsische Belohnungen sind Belohnungen „von außen", also durch bessere Bezahlung, Beförderung, Anerkennung oder Lob. Extrinsische Belohnungen können daher vor allem Tätigkeiten, die aus sich heraus weniger attraktiv sind und daher aus sich heraus wenig Potenzial für intrinsische Belohnungen haben, aufwerten.

Intrinsische und extrinsische Belohnungen lassen sich auch mit der Bedürfnishierarchie nach Maslow in Beziehung setzen (vgl. Berthel, Becker, 2007, S. 22). Danach hat jeder Mensch Bedürfnisse, die aufeinander aufbauen: An der Basis befinden sich physiologische und Sicherheitsbedürfnisse, darüber liegen soziale und Achtungsbedürfnisse, und ganz oben an der Spitze der Pyramide befinden sich Bedürfnisse der Selbstverwirklichung. Extrinsische Belohnung zielt vor allem auf die Befriedigung der sozialen und Achtungsbedürfnisse, intrinsische Belohnung zielt auf die Befriedigung der Selbstverwirklichungsbedürfnisse ab.

## 1.2 Fragestellungen und Hypothesen

Jetzt wird die Beispielsituation betrachtet: Führungskräfte der Gruppe A haben keine besonderen Instruktionen, Führungskräfte der Gruppe B haben die Instruktion, die Mitarbeiter zu loben, wenn sie schnell ans Telefon gehen. Es wird erwartet, dass die Mitarbeiter der Gruppe B schneller ans Telefon gehen, sich seltener krank melden und mehr Vertragsabschlüsse haben. Lassen sich diese Erwartungen mit der Verstärkung begründen?

Das schnellere Reagieren auf das Telefon kann mit der operanten Konditionierung begründet werden. Das schnelle Ans-Telefon-Gehen ist eine operante Reaktion, die mit dem angenehmen Reiz (Lob und entsprechend angenehmes Gefühl) gekoppelt wird. Daher wird der Mitarbeiter beim Klingeln des Telefons rascher reagieren. Es handelt sich nicht um klassische Konditionierung, weil die Reaktion selbst (ans Telefon gehen) unter Kontrolle der Person liegt.

Es ist vorteilhaft, zu loben und damit eine extrinsische Belohnung anzubieten, weil es sich bei der Bedienung des Telefons eher nicht um eine anspruchsvolle Tätigkeit handelt, die schon aus sich heraus Befriedigung und Erfüllung verspricht. Wenn der Mitarbeiter wiederholt schneller ans Telefon geht, wird sich das ferner auch positiv auf die Zahl der abgeschlossenen Verträge auswirken, weil sich die Kunden ernster genommen fühlen. Die „Absprungrate" potenzieller Kunden und Interessenten wird geringer sein, damit ergeben sich insgesamt mehr Chancen zu Vertragsabschlüssen.

Man kann also folgende Hypothese formulieren:

> H1: Wenn gelobt wird, ist die Zahl der Vertragsabschlüsse höher, als wenn nicht gelobt wird.

Zugehörige H0: Die Zahl der Vertragsabschlüsse ist nicht höher, wenn gelobt wird. Sie ist gleich oder sogar niedriger.

Weiter wird die Aussicht auf das angenehme Erlebnis, gelobt zu werden, die Krankmeldungen tendenziell reduzieren. Die Krankmeldung kann auch als eine operante Reaktion durch eine negative Verstärkung aufgefasst werden: Wenn der Berufsalltag negativ erlebt wird, wird das Zuhause-bleiben dieses negative Erlebnis reduzieren und wirkt damit als negativer Verstärker auf das Verhalten, zuhause zu bleiben. Wenn aber der Berufsalltag nicht mehr negativ erlebt wird (weil gelobt wird), dann entfällt die negative Verstärkung des Krankmeldens. Es lässt sich folgende weitere Hypothese formulieren:

H2: Wenn gelobt wird, ist die Zahl der Krankmeldungen kleiner, als wenn nicht gelobt wird.

Zugehörige H0: Die Zahl der Krankmeldungen ist nicht kleiner, wenn gelobt wird. Sie ist gleich oder sogar höher.

## 2 Methode

Zur Untersuchung der Hypothese wurden in einem Unternehmen Daten wie folgt erhoben. Das Unternehmen wurde in zwei vergleichbare Bereiche (Gruppe A: Süd und Gruppe B: Nord) untergliedert.

- Operationalisierung der Variable Lob: Im Bereich B wurden die Führungskräfte instruiert, ihre Mitarbeiter jedes Mal zu loben, wenn sie schnell ans Telefon gehen. Im Bereich A wurde eine solche Instruktion nicht gegeben (Kodierung 0 – 1).
- Operationalisierung der Variable Krankmeldung: Es wurde festgehalten, ob es im Untersuchungszeitraum für den jeweiligen Mitarbeiter keine Krankmeldung oder mindestens eine Krankmeldung gab (Kodierung 0 – 1).
- Operationalisierung der Variable Vertragsabschlüsse: Anzahl der pro Mitarbeiter abgeschlossener Verträge.

Die Daten zu Krankmeldungen und zu Vertragsabschlüssen liegen in der Personalverwaltung vor. Besondere Verfahren wie Befragungen etc. waren also für die Untersuchung nicht nötig.

Insgesamt liegen Daten von 39 Mitarbeitern vor, davon 19 aus dem Bereich A/ Süd (kein Lob) und 20 aus dem Bereich B/ Nord (Lob).

Um die Hypothese H1 zu überprüfen, ist ein T-Test für unabhängige Stichproben bzw., da die Voraussetzungen für parametrische Verfahren verletzt sind, ein Mann-Whitney-U-Test angemessen. Gemäß der Nullhypothese würden sich die Rangsummen für die Zahl der Abschlüsse bei Lob und Kein-Lob nicht signifikant unterscheiden.

Bei der Hypothese H2 liegen beide Variablen 0-1-kodiert vor. Hier ist ein $Chi^2$-Test sinnvoll. Gemäß der Nullhypothese ist die Zahl der Krankmeldungen unter den Bedingungen Lob und Kein-Lob gleich. Mit dem $Chi^2$-Test kann also überprüft werden, ob die empirische Verteilung von dieser theoretischen Verteilung abweicht oder nicht.

## 3 Ergebnisse

### 3.1 Deskriptive Ergebnisse

Es werden zunächst Häufigkeiten sowie für die Zahl der Abschlüsse die Mittelwerte und Standardabweichungen dargestellt.

Die folgende Abbildung zeigt zunächst die Zahl der Mitarbeiter pro Bedingung (A = kein Lob, B = Lob). Wie erwähnt, befinden sich 19 Mitarbeiter in Bedingung A und 20 Mitarbeiter in Bedingung B.

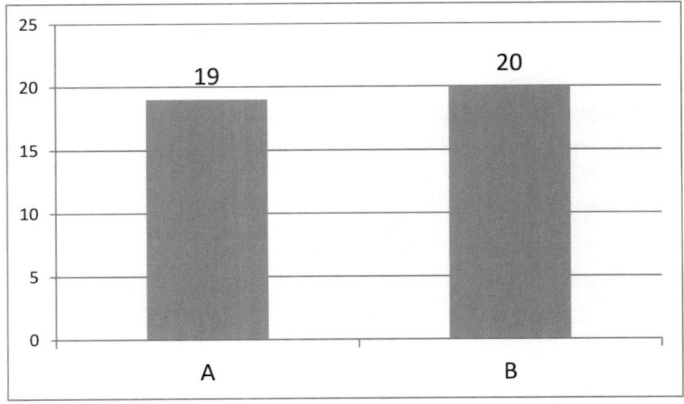

Die nächste Abbildung zeigt die Anzahl der Krankmeldungen (Krankmeldung nein = 0 oder ja = 1) in Abhängigkeit von der Gruppe A oder B.

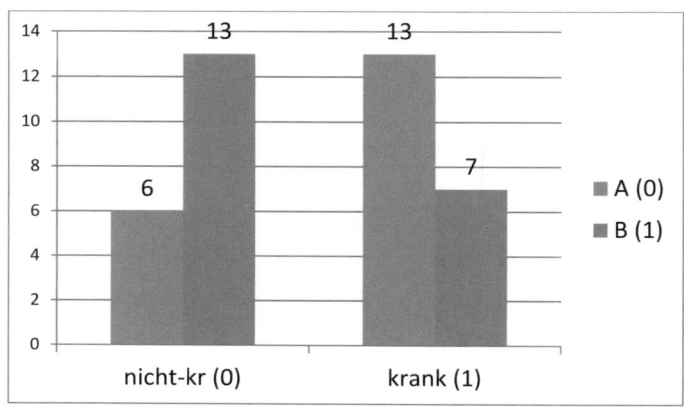

Die Abbildung zeigt, dass die Zahl der Krankmeldungen in der „Kein-Lob" Situation absolut höher ist als in der „Lob"-Situation. Dies wird weiter unten statistisch geprüft aber es scheint so zu sein, dass Lob der Mitarbeiter mit weniger Krankmeldungen einhergeht.

Die folgende Tabelle zeigt die Mittelwerte und Standardabweichungen bei den Vertragsabschlüssen für die beiden Bedingungen A und B.

|   | Mittelw. | Standardabw. |
|---|---|---|
| A | 838,1579 | 63,51401 |
| B | 879,55 | 35,87034 |

Die Abbildung der Mittelwerte ist wie folgt.

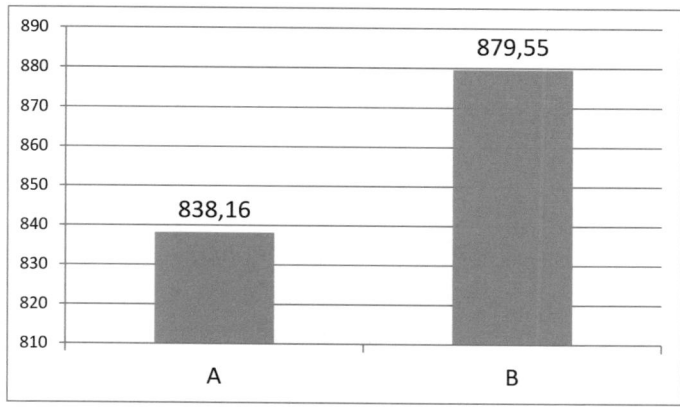

Die Abbildung zeigt, dass die Mitarbeiter in der „Lob"-Bedingung rund 4,9% (879 zu 838) mehr Vertragsabschlüsse aufweisen als unter der „Kein Lob"-Bedingung. Auch dieses Ergebnis deutet in Richtung der Hypothesen, nämlich dass Lob mit mehr Vertragsabschlüssen einhergeht.

### 3.2 Statistische Auswertungen

**Hypothese 1:** Hierzu wurde wie beschrieben ein Chi2-Test durchgeführt. Für einen Chi2-Test benötigt man eine empirische Verteilung und eine theoretische Verteilung, an der die empirische Verteilung getestet werden kann. Die empirische Verteilung wurde schon oben in der Abbildung gezeigt und ist in der Tabelle links nochmal dargestellt. Rechts daneben ist die theoretische Verteilung dargestellt, die sich unter der Nullhypothese idealerweise ergeben müsste.

| empirische Verteilung | | | | theoretische Verteilung | | |
|---|---|---|---|---|---|---|
| | nicht-kr (0) | krank (1) | | | nicht-kr (0) | krank (1) |
| A (0) | 6 | 13 | 19 | A (0) | 9,25641 | 9,74359 |
| B (1) | 13 | 7 | 20 | B (1) | 9,74359 | 10,25641 |
| | 19 | 20 | 39 | | | |

Die theoretische Verteilung wurde wie folgt berechnet: Die Randsummen aus der empirischen Verteilung wurden jeweils multipliziert und durch die Gesamtsumme geteilt. Beispielsweise ergibt sich für die Kombination A(0) – nicht-krank(0) theoretisch: 19 * 19 / 39 = 9,25641. Nachdem die theoretische Verteilung ermittelt ist, kann mit der Excel-Funktion „CHITEST" geprüft werden, ob sich die beiden Verteilungen signifikant unterscheiden oder nicht. In dem Fall ergibt sich ein p = 0,036875. Das ist niedriger als p = 0,05, der akzeptierte Schwellenwert für Signifikanz. Also muss die Nullhypothese zurückgewiesen werden: Die Zahl der Krankmeldungen ist unterschiedlich, je nachdem ob gelobt oder nicht gelobt wird. Wie die empirische Verteilung zeigt, geht dieser Unterschied außerdem in die erwartete Richtung: Wenn gelobt wird, sind die Mitarbeiter seltener krank.

**Hypothese 2:** Hier soll der Mann Whitney Test durchgeführt werden. Der Mann Whitney Test basiert auf den Rängen der Werte, hier der Zahl der Vertragsabschlüsse pro Mitarbeiter. Dann werden die Ränge pro Bedingung aufsummiert und die erreichte Rangsumme auf Signifikanz geprüft.

Es ergab sich eine Rangsumme von 274 unter der Bedingung A (kein Lob) und von 506 unter der Bedingung B (Lob). Dann wurden mit den Formeln

$n_1 n_2 + (n_1(n_1 + 1)/2) - R_1$ bzw.

$n_1 n_2 + (n_2(n_2 + 1)/2) - R_2$

die Werte für $U_1$ und $U_2$ berechnet. ($n_1$ und $n_2$ sind die Größen der beiden Gruppen hier 19 bzw. 20; $R_1$ und $R_2$ sind die Rangsummen 274 und 506). Es ergibt sich ein Wert vor 296 für $U_1$ und ein Wert von 84 für $U_2$. Man nimmt der kleineren Wert und vergleicht ihn mit der Tabelle (hier Tabelle F im Anhang vor Bortz, 1995, S. 848f.). Dort ist für die Gruppengrößen von 19 und 20 ein Wert vor 119 angegeben. Er bezeichnet die untere Grenze des Bereichs, in dem die Gültigkei der Nullhypothese 5% oder mehr beträgt. Der empirische Wert von 84 unterschreite diesen Wert von 119. Damit ist das Ergebnis signifikant und es geht außerdem in die erwartete Richtung: Die Zahl der Vertragsabschlüsse ist wie von Hypothese H2 er wartet in der „Lob-Bedingung" höher als in der „Kein Lob"-Bedingung.

## 4 Diskussion

Zusammenfassend kann festgehalten werden, dass die Ergebnisse der Auswertung beiden Hypothesen entsprechen. Die Nullhypothesen müssen nicht beibehalten wer den. Die Mitarbeiter, die für das schnelle Gehen ans Telefon gelobt wurden, waren seltener krank und hatten mehr Vertragsabschlüsse als die Mitarbeiter, die nicht gelobt wurden.

Insofern lässt dieses Ergebnis den Rückschluss zu, dass es einen Zusammenhang zwischen Lob und positiven Effekten am Arbeitsplatz gibt, so wie dies in den Hypothesen und den ihnen zugrunde liegenden theoretischen Grundlagen angenommen wurde. Trotzdem sollte die Interpretation der Ergebnisse noch etwas genauer betrachtet werden. Im Folgenden werden die Frage der Kausalität und danach mögliche alternative Interpretationen der Ergebnisse sowie mögliche Designs für Folge Untersuchungen betrachtet.

### *4.1 Kausalität zwischen den Variablen?*

Der theoretische Hintergrund zur operanten Konditionierung besagt, dass Verhalten, das verstärkt wird, häufiger gezeigt wird. Damit wird eine Kausalität angenommen:

Das Verhalten wird häufiger gezeigt, weil es verstärkt wird. Eine Kausalität kann aber mit der statistischen Prüfung der Hypothesen nicht bewiesen werden (vgl. Atteslander, 2010, S. 297). Es ist lediglich der Fall, dass die Ergebnisse eine kausale Interpretation zulassen bzw. ihr nicht widersprechen, aber sie folgt nicht zwingend daraus. Insofern sind auch andere Interpretationen des Ergebnisses denkbar als die, dass Lob kausal zu einem besseren Wohlbefinden und zu mehr Arbeitszufriedenheit und damit letztlich zu geringeren Krankheitsständen und zu mehr Vertragsabschlüssen führt.

So könnte die Steigerung der Vertragsabschlüsse in der „Lob"-Gruppe einfach eine Folge des hier geringeren Krankenstandes sein. Wenn die Mitarbeiter seltener krank sind, haben sie mehr Gelegenheit, Verträge abzuschließen.

Andererseits erlaubt ein Experiment, so wie es hier durchgeführt wurde, schon eine gewisse kausale Interpretation, wenn alle Bedingungen gleich gehalten wurden bis auf die in dem Experiment variierte Bedingung (vgl. Atteslander, 2010, S. 166). Unterschiedliche Effekte können dann eigentlich nur sinnvoll auf die Variation dieser Bedingung zurückzuführen sein. Der gefundene Zusammenhang zwischen Lob und Krankenstand kann daher kausal interpretiert werden: Der Krankenstand war geringer, weil die Mitarbeiter gelobt wurden.

Somit ergibt sich: Zwischen Lob/ kein Lob und Krankenstand kann Kausalität angenommen werden (Lob vermindert den Krankenstand), aber zwischen Lob/ kein Lob und der Zahl der Abschlüsse kann keine direkte Kausalität angenommen werden, weil die Zahl der Abschlüsse auch direkt vom Krankenstand abhängen kann.

### 4.2 Mögliche alternative Erklärungen der Ergebnisse und Erweiterungen des Designs

Wie im Theorieteil dargestellt wurde, wird ein Mangel an Lob und Anerkennung häufig auch als Mit-Ursache für Burnout oder allgemein für mangelnde Motivation am Arbeitsplatz angesehen. Über die Motivation der Mitarbeiter kann aber anhand der Untersuchung nichts ausgesagt werden. Denkbar ist, dass die gelobten Mitarbeiter die positive Erfahrung wiederholen wollten und sich deshalb seltener krank meldeten, aber daraus folgt noch nicht unbedingt, dass die anderen, nicht gelobten Mitarbeiter weniger motiviert waren. Es ist ja auch möglich, dass die gelobten Mitarbeiter ihre Arbeitskraft auf die Bearbeitung der Telefonate konzentriert haben und darüber andere Aufgaben, für die sie in dem Experiment nicht gelobt wurden, vernachlässigt haben.

Um solche Fragen beantworten zu können, wäre es notwendig, die Untersuchung zu erweitern. Dazu müsste die Motivation der Mitarbeiter ebenfalls erhoben werden. Außerdem müssten weitere Tätigkeiten am Arbeitsplatz und die Motivation für diese Tätigkeiten erhoben werden.

Die Mechanismen, die dafür verantwortlich sind, dass Lob mit einem geringeren Krankenstand einhergeht, müssten also insgesamt genauer untersucht werden. Hierfür kann es verschiedene Gründe geben.

So ist denkbar, dass das Lob der Mitarbeiter ihre Motivation stärkt, was ihre Bereitschaft, sich krank zu melden, absinken lässt. Eine weitere denkbare Erklärung de Ergebnisse könnte aber auch sein, dass ausbleibendes Lob tatsächlich das Wohlbefinden und damit die Gesundheit beeinträchtigt und die nicht gelobten Mitarbeite tatsächlich häufiger krank waren, die Erklärungen im Sinne der operanten Konditionierung bzw. des Effektgesetzes nehmen ja im Grunde an, dass die nicht gelobten Mitarbeiter „simulierten" und gar nicht krank waren; sie sind nicht zur Arbeit gekommen, weil sie nicht gelobt wurden und deshalb weniger Anreiz hatten. Aber denkbar ist grundsätzlich auch, dass die Mitarbeiter tatsächlich „kränker" waren, dass also Lob bzw. das Ausbleiben von Lob und Anerkennung auch direkt die Gesundheit beeinflusst. Für ein erweitertes Untersuchungsdesign wäre es also auch wichtig, den tatsächlichen Gesundheitszustand der Mitarbeiter zu ermitteln, nicht nur die Frage, ob sie sich krank meldeten.

Die Frage nach den genauen Effekten des Lobs bzw. des Ausbleibens von Lob stellt sich auch noch in weiterer Hinsicht. In der Theorie des operanten Konditionierens spielt die Motivation der Mitarbeiter keine Rolle. Das Effektgesetz besagt lediglich, dass die Wahrscheinlichkeit, dass das verstärkte Verhalten wieder auftritt, sich erhöht. Ob hier mangelnde Motivation, Unzufriedenheit mit der Arbeit, Selbstzweifel oder Zweifel am Sinn der Tätigkeit eine Rolle spielen, wird hierbei nicht thematisiert. Insofern muss man vorsichtig sein und darf das Ergebnis nicht überinterpretieren. Diese Aspekte sind denkbar, folgen aber nicht aus dem Ergebnis. Dazu wären ebenfalls weitere Untersuchungen wie vor allem Befragungen der Mitarbeiter (Fragen nach ihrer Motivation, ihrer Arbeitszufriedenheit, dem wahrgenommenen Sinn ihrer

Tätigkeit usw.) erforderlich. Die oben dargestellte Bedürfnishierarchie von Maslow (nach Berthel und Becker, 2007, S. 22) könnte hier eine Grundlage bieten. Es müssten Fragen für einen Fragebogen formuliert werden, die sich auf die Motivationslage der Person gemäß den verschiedenen Ebenen (soziale Bedürfnisse, Achtungsbedürfnisse, Selbstverwirklichungsbedürfnisse) beziehen.

### *4.3 Weitere Aspekte*

Ein weiterer Aspekt, der für eine Erweiterung der Untersuchung berücksichtigt werden sollte, ist die Art der Tätigkeit. Im Theorieteil wurde argumentiert, dass die Wirksamkeit von Lob vor allem bei klar strukturierten Tätigkeiten und Routinetätigkeiten wichtig ist. Bei komplexen, anspruchsvollen Tätigkeiten mit wechselnden Kontexten ist die Wirkung von Lob schwieriger vorherzusehen, weil der Mitarbeiter auf bestimmte Aspekte möglicherweise besonders achtet, diese dann aber bei einer weiteren Tätigkeit als wenig relevant erweisen. Ein Beispiel wäre ein Software-Projekt, das der Projektleiter zur Zufriedenheit des Kunden ausführt, er wird dafür gelobt. In einem Folgeprojekt achtet er wieder darauf, den Kunden zufriedenzustellen, aber er überzieht das Budget für das Projekt. Der Kunde ist zufrieden, aber das Unternehmensmanagement ist unzufrieden, und das Lob bleibt aus. Deshalb ist bei komplexen Tätigkeiten der Effekt von Lob vermutlich sehr viel schwieriger vorherzusehen. Auf der anderen Seite ist der Effekt von Lob hier möglicherweise ohnehin reduziert, weil hier nach der Bedürfnispyramide von Maslow ohnehin Selbstverwirklichungs-Aspekte wichtiger sind und daher Lob durch andere Personen wie Vorgesetzte unwichtiger wird. Aus dem Gesagten folgt insgesamt, dass bei Lob die Art der Tätigkeit berücksichtigt werden sollte. Die Hypothese wäre dabei, dass Lob bei einfachen Tätigkeiten und Routinetätigkeiten wirkungsvoller ist als bei komplexen und neuartigen Tätigkeiten.

Eine weitere Frage ist, ob „zu viel" Lob nicht auch unglaubwürdig werden kann. Auch Lob muss glaubwürdig sein, diese Einsicht ist auch in der Pädagogik verbreitet. In der Untersuchung wurden die Mitarbeiter jedes Mal gelobt, wenn sie rasch ans Telefon gegangen waren. Diese Art Lob kann mit der Zeit an Glaubwürdigkeit verlieren und eventuell „aufgesetzt" wirken. In dem Fall würde die Wirksamkeit des Lobes nachlassen oder vielleicht sogar in ihr Gegenteil umschlagen, da sich die Mitarbeiter nicht mehr ernstgenommen fühlen. Damit stellt sich die Frage, ob es nicht sinnvoll wäre, zwar zu loben, aber die Glaubwürdigkeit des Lobens nicht aus den Augen zu verlieren.

### 4.4 Zusammenfassung

Insgesamt sollte eine Nachfolgeuntersuchung wie folgt erweitert werden:

- Erfassung der tatsächlichen Motivation und der Arbeitszufriedenheit der Mitarbeiter mit entsprechenden Fragebögen, um zu ermitteln, ob Lob am Arbeitsplatz mit motivationalen Veränderungen einhergeht. Dabei sollte vielleicht auf die Motivationslagen nach der Bedürfnishierarchie von Maslow Bezug genommen werden.
- Erfassung der Tätigkeiten der Personen, weil denkbar ist, dass Lob bei Routinetätigkeiten und anspruchsvollen neuartigen Tätigkeiten unterschiedlich wirkt.
- Erfassung des tatsächlichen Gesundheitszustands der Mitarbeiter, um zu ermitteln, ob Veränderungen im Krankenstand rein „motivational" bedingt sind, oder ob das Wohlbefinden und die Gesundheit tatsächlich beeinträchtigt sind.
- Acht4en darauf, dass das Loben glaubwürdig bleibt, eventuell eine separate Vorab-Befragung von Mitarbeitern, wie glaubwürdig sie bestimmte Formen des Lobens durch Vorgesetzte halten.

# Literatur

Atterslander, P. (2010): Methoden der empirischen Sozialforschung. 12. Auflage. Berlin: Erich Schmidt Verlag.

Bauer, J., Häfner, S., Kächele, H., Dahlbender, R. (2002): Burnout und Wiedergewinnung seelischer Gesundheit am Arbeitsplatz. http://www.apdeba.org/wp-content/uploads/Burn-out-und-wiedergewinnung.pdf.

Berthel, J., Becker, F. (2007): Personalmanagement. 8. Auflage. Stuttgart: Schäffer Poeschel Verlag.

Bortz, J. (1995): Lehrbuch der Statistik für Sozialwissenschaftler. Berlin: Springer Verlag.

Myers, D. (2005): Psychologie. Berlin Heidelberg: Springer Verlag.

Schmiedl, S., Kubicek, B. (2015): Spannungsfeld Arbeitsplatz: Der arbeitende Mensch im Kontext von Ressourcen und Anforderungen. http://ffhoarep.fh-ooe.at/bitstream/123456789/372/1/FFH2015-WIWI3-1.pdf.

Von Rosenstiel, L. (2009a): Tiefenpsychologische Grundlagen der Führung von Mitarbeitern. In L. von Rosentiel, E. Regnet, M. Domsch (Hrsg): Führung von Mitarbeitern. 6. Auflage. Stuttgart: Schäffer Poeschel Verlag, S. 27-40.

Von Rosenstiel, L. (2009b): Anerkennung und Kritik als Führungsmittel. In L. von Rosentiel, E. Regnet, M. Domsch (Hrsg): Führung von Mitarbeitern. 6. Auflage. Stuttgart: Schäffer Poeschel Verlag, S. 269-279.

# BEI GRIN MACHT SICH IHR WISSEN BEZAHLT

- Wir veröffentlichen Ihre Hausarbeit, Bachelor- und Masterarbeit

- Ihr eigenes eBook und Buch - weltweit in allen wichtigen Shops

- Verdienen Sie an jedem Verkauf

Jetzt bei www.GRIN.com hochladen und kostenlos publizieren